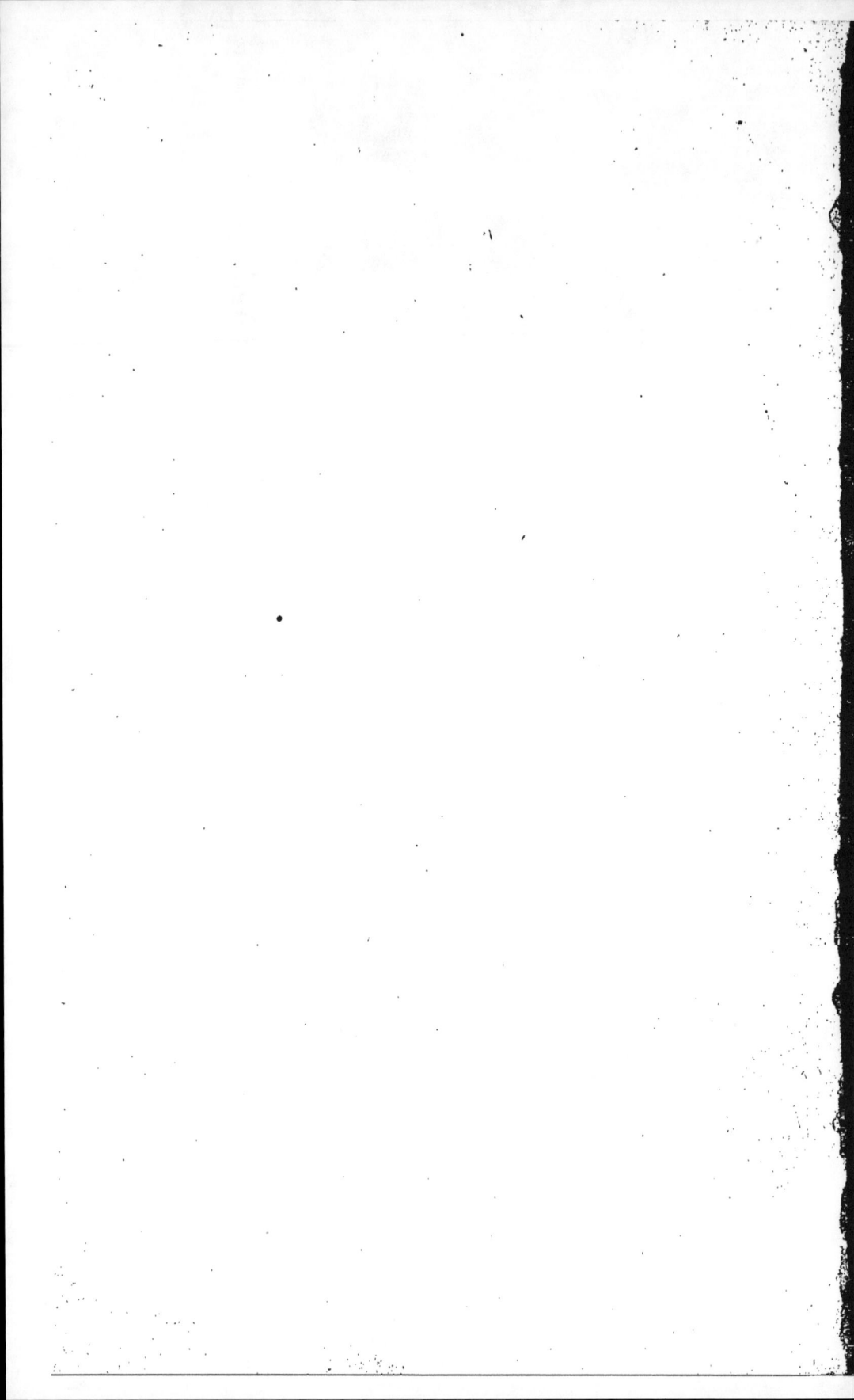

DISCOURS

SUR LES ORIGINES ET LE BUT

DU TATOUAGE

PRONONCÉ

PAR LE Dr ERNEST BERCHON

ANCIEN MÉDECIN PRINCIPAL DE PREMIÈRE CLASSE DE LA MARINE

Dans la Séance publique et solennelle de sa réception à l'Académie
des Sciences, Belles-Lettres et Arts de Bordeaux,

LE 25 FÉVRIER 1886

BORDEAUX

IMPRIMERIE G. GOUNOUILHOU

11, RUE GUIRAUDE, 11

1886

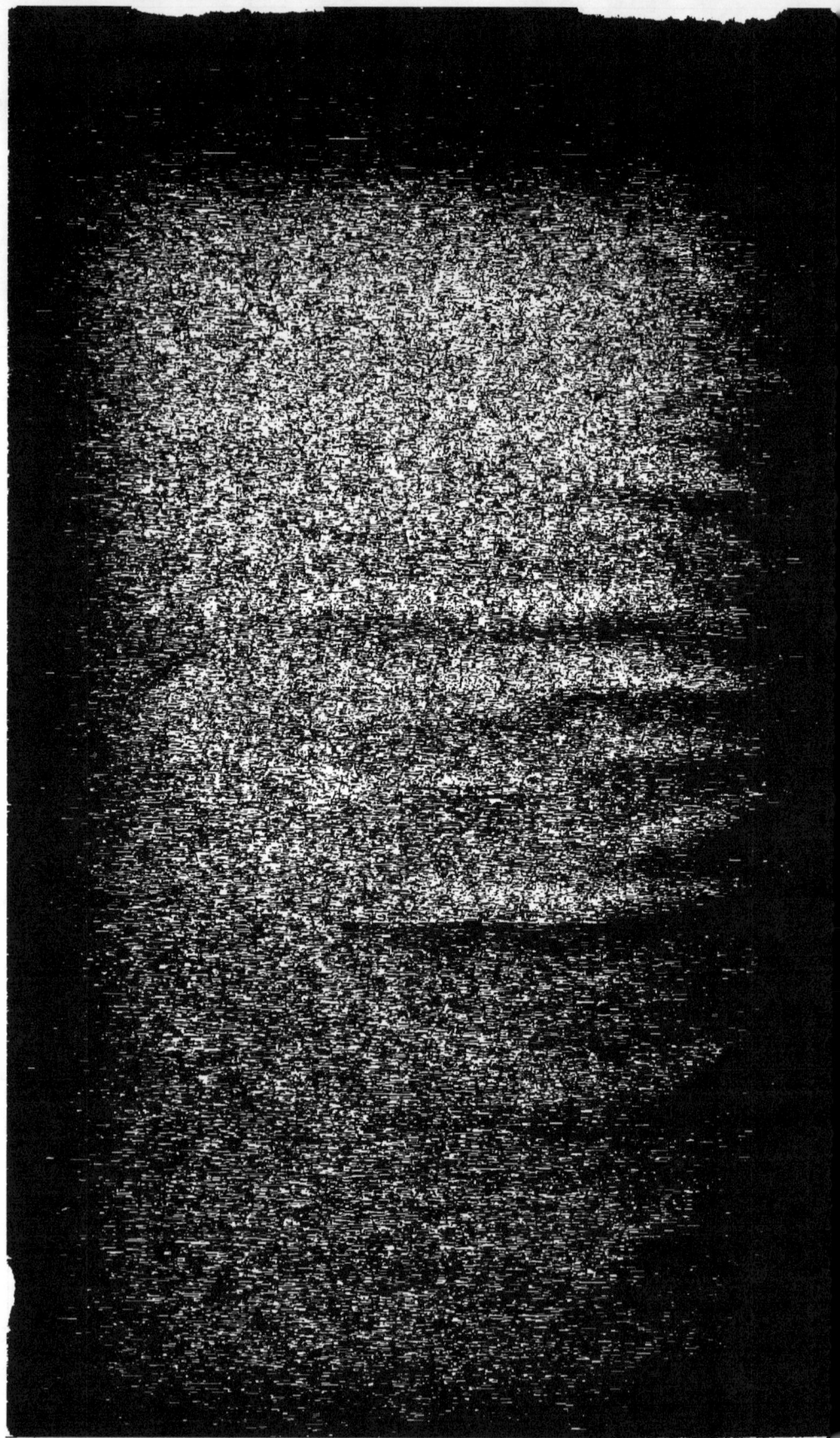

DISCOURS

SUR LES ORIGINES ET LE BUT

DU TATOUAGE

PRONONCÉ

PAR LE Dr ERNEST BERCHON

ANCIEN MÉDECIN PRINCIPAL DE PREMIÈRE CLASSE DE LA MARINE

Dans la Séance publique et solennelle de sa réception à l'Académie
des Sciences, Belles-Lettres et Arts de Bordeaux,

LE 25 FÉVRIER 1886

BORDEAUX

IMPRIMERIE G. GOUNOUILHOU

11, RUE GUIRAUDE, 11

—

1886

(Extrait des *Actes de l'Académie des Sciences, Belles-Lettres et Arts de Bordeaux*, 4ᵉ fascicule, 1885.)

DISCOURS

SUR

LES ORIGINES ET LE BUT DU TATOUAGE

MESDAMES,
MESSIEURS,

Je dois, certainement, et à bien des titres, réclamer
votre bienveillance en essayant d'exposer devant vous
quelques particularités de l'histoire de cette singulière
coutume humaine qui porte le nom de *tatouage*. Mais je
ne crois pas, cependant, devoir me préoccuper outre
mesure des arrêts sévères de Boileau pour le choix même
de mon sujet, car l'utilité des recherches sur les usages
des peuples a été, de tout temps, admise. On lui recon-
naît même une assez grande importance de nos jours, et
d'ailleurs les plus grands navigateurs ont insisté, à plusieurs reprises, sur les avantages qu'il y aurait à rassem-
bler tous les renseignements possibles sur le tatouage
lui-même, non seulement en raison de l'adoption de ce
bizarre ornement par les populations de toutes les parties
du monde, mais encore par cette considération nouvelle
bien exprimée par l'un de nos maîtres [1], « qu'il devient
» de plus en plus nécessaire de recueillir les moindres
» détails d'un état social qui disparaît chez les nations
» dites *sauvages* sous l'influence de la civilisation telle
» que nous la concevons en Europe. »

Lorsque j'entrepris mes premières recherches, j'étais

[1] A. Lesson.

donc encouragé à retracer l'histoire d'un usage qui n'avait jamais attiré l'attention qu'au point de vue de la singularité des images tatouées, et je pourrais, d'ailleurs, invoquer encore une autre excuse en rappelant que Plutarque a écrit dans ses *Symposiaques* ou *Propos de table,* et d'après la traduction naïve d'Amyot :

« Voila pourquoy ceux qui ont beaucoup voyagé ou
» navigué par le monde sont bien aises quand on les
» interrogue des païs lointains, des mers estrangères, des
» mœurs, façons et coustumes des Barbares et volontiers
» le racontent. Réputant que cela soit, par manière de dire,
» le fruict et reconfort des travaux qu'ils y ont endurés.

» Cette sorte de maladie prend aisément aux gens de
» Marine. »

J'ai été l'un de ceux-là pendant de longues années. Il m'était donc bien difficile d'éviter le sort commun, et si l'indulgence est déjà de droit pour les malades, je puis bien promettre, de mon côté, de mettre tout mon art professionnel à diminuer la durée du présent accès de la maladie signalée depuis si longtemps.

Je n'essaierai point de retracer devant vous l'histoire générale du tatouage en suivant pas à pas le programme tracé dans les instructions données au départ de l'expédition de Lapérouse, en 1785, et qui, bien que signées des grands noms d'alors, Mauduyt, Vicq-d'Azyr, de Fourcroy et Thouret, avaient été rédigées par le Roi Louis XVI lui-même, au témoignage de Mme Campan.

La seule question de l'origine du mot *tatouer,* de sa synonymie, de son étymologie, exigerait d'assez grands développements, fort curieux, mais trop étendus pour le temps qui m'est aujourd'hui mesuré. Je me bornerai donc à dire que cette expression n'est entrée dans notre langue qu'en 1778, et qu'elle est due au traducteur du deuxième voyage de Cook, qui s'excusait même de son néologisme en disant : « Nous avons cru devoir créer ce » mot pour exprimer les petits trous que les Tahitiens se » font à la peau avec des pointes de bois. »

C'était, du reste, la traduction presque exacte du mot océanien *Tatahou*, qui s'applique indifféremment, à Tahiti, aux piqûres des tatoueurs, aux dessins, à l'écriture et même à toute image, d'après son radical *Ta*, synonyme d'écrit ou de tracé.

Le mot *tatouage* est beaucoup plus récent. Il était absent d'un grand nombre de dictionnaires avant 1858, mais y a trouvé sa place depuis, et principalement dans le remarquable ouvrage de Littré, qui a bien voulu admettre et insérer, en me citant, mon opinion et la détermination d'origine qui précède.

Il est vrai que cela n'a pas empêché MM. Noël et Chapsal, ces frères siamois si redoutés des écoliers, Bescherelle, Chérusolles, Poitevin, et bien d'autres, d'imaginer, sans souci de l'érudition et de la critique, que *tatouage* dérivait de l'expression zoologique *Tatou*, en raison des dessins remarquables de la carapace de cet animal.

Je n'entrerai pas davantage dans l'exposé des raisons qui m'ont fait définir le tatouage : « L'ensemble des » moyens par lesquels des matières colorantes, végétales » ou minérales sont introduites sous l'épiderme, et à » des profondeurs variables, dans le but de produire des » dessins apparents et de longue durée, quoique non » absolument indélébiles. »

J'ai prouvé l'exactitude de chaque terme de cette définition dans une publication purement médicale, que l'Académie de Médecine de Paris a récompensée de l'un de ses prix, en 1871, et je passe rapidement sur ces détails un peu arides pour ne m'occuper aujourd'hui que de la partie ethnologique encore inédite de recherches, dont deux fragments ont seuls été communiqués jusqu'à présent à la Société d'Anthropologie de Paris en 1869 et au Congrès de l'Association française pour l'avancement des sciences, tenu pour la première fois à Bordeaux en 1872.

Ce qui frappe de suite l'observateur dans l'examen des conditions générales du tatouage, est certainement la haute antiquité de cette coutume et son universalité dans toutes les régions de notre globe; sous les latitudes boréales ou australes comme sous les tropiques, chez les nations les plus avancées vers la civilisation comme chez les peuples les plus sauvages.

On la retrouve, en effet, mentionnée et même proscrite, comme signe d'idolâtrie païenne, dans plusieurs passages de la Bible et des livres saints. Les Égyptiens y avaient recours, car on a trouvé dans leurs hypogées des poinçons à l'aide desquels on la pratiquait, et, près de ces poinçons, des paquets d'une poudre identique à celle qui sert encore, dans le même pays, au même usage.

Lucien, Phylon de Byblos et Théodoret en parlent pour les Assyriens, et les témoignages abondent quand il s'agit des peuplades innombrables qui, longtemps refoulées par l'organisation puissante du monde romain, franchirent un jour les limites naturelles qui n'ont pas arrêté davantage les dernières invasions des peuples venus aussi du Nord et reproduisant contre nous l'argument des anciens Barbares que la force primait le droit.

Les Thraces étaient, parmi ces derniers, très adonnés au tatouage, d'après Athénée, Hérodote, Valérius Flaccus et Cicéron. Virgile et Pomponius Méla l'ont affirmé pour les Agathyrses; Pline, pour les Daces et les Sarmates; Claudien, pour les Gélons; Tacite, pour les Germains; Jules César, Solinus, Hérodien, Claudien, Martial, Tertullien et saint Isidore de Séville, pour les Bretons. Justin l'a prouvé pour les Ibères et les soldats romains, imités par ceux de nos armées et par les marins de toutes les nations, adoptèrent aussi cette coutume d'après Végèce, Aétius et saint Ambroise.

L'usage était donc général avant l'ère chrétienne et il s'est perpétué depuis, car Procope rapporte que les premiers Gentils convertis par les Apôtres se faisaient imprimer sur les bras et les mains le signe de la croix ou le monogramme du Christ. Néanmoins, Tertullien et plusieurs conciles blâmèrent ces pratiques, sans pouvoir réussir à éteindre une coutume que le voyageur Thévenot constatait, au XVIIe siècle, parmi les pèlerins de Jérusalem et qui est encore très en faveur en Judée, d'après les notes de voyage de notre compatriote, Ernest Godard, le généreux donateur de nos musées girondins.

L'universalité du tatouage est, du reste, attestée par tous ceux qui ont parcouru l'Asie, l'Afrique et l'Amérique, mais c'est surtout en Océanie qu'il avait pris un développement tellement considérable qu'on pourrait le nommer *national*. Tous les grands navigateurs des derniers siècles et du nôtre l'ont relaté dans ces merveilleux récits dont l'attention s'est détournée, depuis quelques années, par la tendance des explorations vers le monde noir de l'Afrique ou les terres de l'Extrême-Orient, mais qui reprendront bien vite leur prestige dès que le grand Français, de Lesseps, aura rendu facile et prompt le chemin d'Europe vers les terres si justement poétisées autrefois.

Nous avons recueilli la plupart des renseignements dont nous voulons donner aujourd'hui l'idée, dans ces îles charmantes qui semblent jetées sur la surface de l'Océan Pacifique comme le vanneur lance à tous les vents de l'air les grains d'une riche moisson; dans ces pays enchantés, où la brise est douce et le ciel pur, où la terre se couvre de fleurs en toute saison, où l'ombre des bois est épaisse et quelquefois assez mystérieuse pour faire songer aux retraites sacrées décrites par les poètes d'Athènes ou de Rome; où la mer elle-même vient briser sa fureur impuissante contre les remparts de corail qui forment autour de presque toutes les terres une digue à l'abri de laquelle on est aussi protégé que sur les eaux d'un lac paisible; où serpentent des ruisseaux aussi gracieux que ceux vantés par Théocrite et Virgile; où la population la plus belle et la plus enjouée voyait s'écouler dans le bonheur et la gaîté, la vie la plus heureuse, jusqu'au moment où les convoitises européennes et le rigorisme formaliste de rites rivaux sont venus modifier des conditions sociales que Bougainville, et plus tard l'Américain Melville, ont décrites dans les livres charmants, trop oubliés, qui portent les noms d'*Omaï*, de *Tahipi* ou d'*Omou* et qui ont eu un regain de charme et d'entrain par la publication toute récente du *Mariage de Loti*.

Là, seulement, les observations pouvaient être nombreuses et variées parce que le tatouage, commencé depuis la puberté pour les deux sexes, comme signe d'une sorte d'initiation à une vie nouvelle, se continuait toute la vie, principalement pour les hommes, dont le corps finissait par être totalement illustré d'une profusion de dessins.

Chez les femmes, l'abondance des empreintes tatouées était moins grande. Elles n'apparaissaient guère qu'au lobule des oreilles, quelquefois aux lèvres, et surtout aux bras et aux mains souvent recouvertes de dessins légers rappelant à s'y méprendre les gants et mitaines de fines dentelles noires de nos dames. Mais une grande distinction s'attachait aussi à une série d'arcs concentriques entourant les hanches, et dans tous les cas le fini des images était toujours alors plus achevé que chez les hommes, tant la coquetterie et le goût sont un apanage particulier de la femme, à quelque degré de civilisation qu'elle appartienne.

Rien de plus simple que l'opération d'incrustation des dessins. Elle se fait à l'aide de pointes aiguës empruntées à des arêtes de poisson, ou à des fragments d'os effilés, fendus ou réunis les uns aux autres à la façon des petits peignes ; pointes trempées à chaque instant dans un liquide formé d'eau ou d'huile de coco dans lesquelles est dilué le produit de la combustion de l'amahiama, fruit de l'*Aleurites triloba* ou noix de Bancoul.

Il suffit d'enfoncer avec adresse dans la peau ces petits instruments ainsi chargés d'une véritable encre, soit directement, soit à l'aide d'une légère baguette ou marteau, pour porter dans le derme la matière colorante, que l'artiste dirige à son gré, s'il est très habile, ou qu'il insère en suivant des lignes préalablement tracées sur la peau.

Une inflammation légère succède rapidement à ces piqûres qui ne doivent qu'effleurer, pour ainsi dire, la couche supérieure du derme. Elle s'apaise assez vite, dans les cas ordinaires, et bientôt apparaissent, après quelques semaines, les dessins qui frappèrent à un extrême degré l'attention des premiers voyageurs des îles océaniennes et qui causèrent une surprise extraordinaire lors de leurs premières exhibitions en Europe.

J'ai été assez heureux pour découvrir dans les ouvrages de Guillaume Dampier des renseignements très précis à ce sujet. Ce voyageur avait pris à Mindanao un jeune sauvage né dans l'île Méangis et qu'un naufrage avait fait esclave. On lui avait donné le nom de

Prince *Jeolly* et il était *tatoué* (on disait alors *peint*) sur tout le corps. Il fut d'abord vendu à moitié à deux Anglais qui trafiquèrent à diverses reprises de leur part, puis acheté par Dampier, qui le conduisit à Londres où il fut montré à plusieurs personnes de qualité.

« Comme j'avais besoin d'argent, raconte ce dernier » propriétaire, je fus obligé d'en vendre d'abord une » partie, et peu à peu je le vendis tout à fait et quelque » temps après j'appris qu'on le promenait pour le faire » voir et qu'il était mort à Oxford de la petite vérole. »

Une relation merveilleuse (M. Zola dirait un boniment) avait été imprimée pour les prouesses de *Jeolly.* On y racontait la vie du prince déchu, et, comme les Barnums sont d'une race ancienne et impérissable, un grand tableau montrait autour de *Jeolly* une foule de serpents fuyant de toutes parts, effrayés, disait-on, par la vue seule des tatouages ; tandis que Dampier (alors désintéressé dans la spéculation) affirme que *Jeolly* lui-même avait paru tout aussi épouvanté que lui par la rencontre des reptiles et des scorpions !

Je ne puis omettre, à côté de cette histoire, celle d'un Bordelais, Joseph Cabrit, déserteur ou naufragé d'un navire baleinier et que rencontra le navigateur russe Krusenstern pendant son séjour aux Marquises, où cet homme, sur le point d'être sacrifié aux divinités de Nou-houhiva (ce qui veut dire à l'appétit des indigènes), avait été sauvé par une jeune Atala, épousé par elle et magnifiquement tatoué.

Krusenstern le ramena vers l'Europe et le débarqua au Kamtschatka, où Cabrit gagna, par la Sibérie, Moscou, puis Saint-Pétersbourg, où il fut honoré d'une présentation à Leurs Majestés Russes devant lesquelles il fit exhibition de danses sauvages. Il obtint même la place de maître de natation à l'école des gardes de la Marine à Kronstadt, mais son odyssée ne s'arrêta pas là.

Rentré en France en 1817, il fut encore montré à Louis XVIII et au roi de Prusse, émerveillés de ses tatouages. Mais la vogue est souvent éphémère, et Cabrit, après avoir fait à Paris ce qu'on qualifiait alors les *délices du Cabinet des Illusions*, fut réduit bientôt à se montrer dans les principales foires du nord de la France, particulièrement à celle d'Orléans où il figura pendant plusieurs jours à côté du fameux chien *Munito;* ce qui faillit amener une collision entre l'ex-favori de la beauté marquesane, honoré de l'attention de plusieurs têtes couronnées, et l'*impresario* de la baraque foraine.

Il mourut hydropique à Valenciennes, à quarante-deux ans, en septembre 1822, et je dois ajouter que sa dépouille mortelle fut réclamée avec insistance, mais sans succès, par la ville de Douai, qui voulait en orner son musée en raison des magnifiques dessins qui ornaient sa peau.

Sic transit gloria mundi.

Il y avait du reste, à cette époque, un engouement incroyable pour les têtes tatouées, et un tel désir d'en enrichir les collections scientifiques, que ces têtes, surtout celles des Nouveaux-Zélandais, les plus décorées de toutes, étaient devenues l'objet d'un important trafic, énergiquement flétri par le commandant Cécile, mort amiral français.

Des capitaines cupides excitaient, pour cette cause, des guerres de tribu à tribu, ou des massacres d'esclaves. Et Jacques Arago a raconté avec humour, au 75ᵉ chapitre de ses *Souvenirs d'un vieil aveugle*, que deux têtes zélandaises lui furent volées, au retour de son voyage sur l'*Uranie,* par le directeur du musée de Rio-Janeiro, qu'elles devinrent l'objet d'une négociation en règle avec le premier ministre du roi Jean VI, et qu'elles furent finalement payées 7,200 francs, plus une douzaine de petits brillants, un beau peigne en aigues-marines et plusieurs autres objets en filigrane, sans préjudice de deux riches boîtes d'insectes et de papillons du Brésil, et..... de la croix du Christ.

Heureusement que cela ne s'est jamais vu qu'en Amérique!

Mais j'abrège, et le reste de ma lecture va tendre à la détermination précise de l'origine même des tatouages et du but de l'adoption de ces étranges dessins.

C'est sur cette double question que s'est donné carrière l'imagination fantaisiste des observateurs superficiels et surtout des compilateurs et rédacteurs d'ouvrages qui, privés des ressources d'une critique sérieuse, ont certainement encombré plus que déblayé le champ des recherches d'ethnographie.

Aussi, je dois l'avouer sans réticences, mon embarras fut-il extrême quand, à la suite de lectures, d'investigations sans nombre et de questions faites dans les pays mêmes décrits par maints auteurs, j'ai voulu me rendre un compte exact de l'origine et du but poursuivi par les tatoueurs et leurs patients, ou clients volontaires.

Des documents vont servir à le prouver.

Il est incontestable que parmi les nations anciennes les plus adonnées au tatouage ont figuré les Thraces et leurs plus proches voisins, Daces, Sarmates et Gélons.

C'était chez eux, au dire d'Hérodote et d'un grand nombre d'auteurs qui l'ont servilement copié, un véritable signe de noblesse.

Mais la vérité est absolument opposée à l'admission de cette assertion.

On lit, en effet, dans Athénée, que les « femmes » scythes, après la conquête de la Thrace, marquèrent à » l'aide de poinçons les femmes de ce pays au point » qu'elles paraissaient peintes. » Imitant, avec moins de cruauté, leurs maris qui coupaient le nez à un nombre si considérable de leurs vaincus que les habitants de villes entières étaient nommées *Rhinotmètes* ou *Rhinocoloures,* c'est-à-dire *sans nez.*

Le tatouage était donc au début, chez les Thraces, un signe de conquête et d'ignominie, et c'est ainsi qu'on a expliqué la nature des dessins imprimés sur les individus des mêmes régions représentés comme captifs dans les tableaux du tombeau d'Ousirei Iᵉʳ à Biban et Molouk, près de Thèbes.

D'autre part, Phanoclès Lesbius, dont Stobée nous a conservé quelques écrits, affirme que les Thraces eux-mêmes avaient ainsi marqué leurs femmes pour les punir du meurtre qu'elles avaient commis sur la personne d'Orphée, « et sans doute pour rendre permanentes les » taches livides consécutives aux corrections corporelles, » qu'ils leur avaient préalablement infligées dans la même » intention ». (Je cite textuellement.)

Et Plutarque admet aussi cette version dans son traité des *Délais de la justice divine,* en blâmant, toutefois, très fortement les femmes thraces, qui jouiraient pourtant aujourd'hui, devant un jury français, du bénéfice des circonstances atténuantes, parce que le poète Orphée, bien différent de bon nombre de ses successeurs, était outrageusement froid à l'endroit des plus belles femmes de son temps.

Quoi qu'il en soit, ce n'est pas seulement en politique

que l'absurdité est le caractère indélébile des opinions immuables. Athénée nous en donne encore la preuve, et toujours à propos des Thraces.

« Plus tard, dit cet auteur, les femmes thraces qui
» avaient subi cette injure se peignirent le reste de la
» peau pour effacer cette marque d'humiliation, afin
» que le cachet injurieux et ignominieux fût dissimulé
» sous l'apparence de beaux dessins, et que le déshonneur
» infligé fût voilé et comme caché par le caractère d'un
» ornement et d'une distinction. »

N'est-ce pas ce qui advint en maintes circonstances de l'histoire, où telle marque de mépris devint un signe de ralliement et de vengeance? N'est-ce pas une variante des raisons qui firent créer l'ordre très honorable de la Jarretière et adopter sa fière devise : *Honni soit qui mal y pense!*

Mêmes divergences parmi les auteurs pour les tatouages des Bretons, des Pictes et des Scots, dont le nom lui-même n'a d'autre acception radicale que *peint, coloré, tatoué.*

Et si l'on passe en revue les opinions émises sur l'origine des mêmes empreintes chez les nations plus civilisées d'Assyrie, d'Égypte et de l'empire romain, on arrive à la conviction qu'il n'y a vraiment rien de précis ou de général dans l'adoption de cet usage chez eux.

Il paraît certain cependant que les stigmates du tatouage étaient souvent chez ces peuples une marque d'initiation à certains mystères ou cultes : soit à celui de la déesse Syrienne au dire de Lucien, soit à celui d'Adonis, d'Attys, de Phégor ou de Thamnus qui, d'après Macrobe, n'étaient que des dénominations hiératiques du Soleil.

J'ai dit que les premiers chrétiens s'étaient empressés de suivre la même règle, et Ptolémée Philopator ordonna même que les juifs convertis par ses édits au culte de

Bacchus fussent tatoués d'une feuille de lierre, en l'honneur de la divinité dont il prétendait descendre.

Mais, à côté de ces faits certains, le tatouage était tout autrement employé par les anciens dans des intentions très différentes et variées.

Claudien le considérait comme une parure; Solinus et Justin, comme une simple mode, certainement blâmable chez les jeunes vierges, dit naïvement Tertullien, « car, » bien évidemment, selon ce grave auteur, si l'Esprit » saint avait voulu le recommander, il l'eût autorisé » d'abord chez les hommes ». Ce qui ne peut s'expliquer que par une application anticipée de la règle célèbre de Lhomond accordant, à grand tort, au sexe masculin une noblesse bien supérieure à celle du sexe faible.

Je pourrais multiplier ces exemples à l'infini, et la plus originale, certainement, des destinations du tatouage est assurément son emploi comme stratagème de guerre. Polyen raconte, en effet, qu'on le pratiquait sur le cuir chevelu, préalablement rasé, de certains individus qui, une fois les cheveux repoussés, s'efforçaient de pénétrer dans les villes assiégées portant, ainsi dissimulés, les ordres des chefs des colonnes de secours.

Les maîtres tatouaient leurs esclaves, surtout ceux des champs, pour pouvoir les retrouver en cas d'évasion, et j'ai même raconté, dans mes *Recherches médicales,* que Sabinus, l'un des intendants de l'empereur Claude, ayant subi cet outrage à la suite d'un naufrage, eut le bonheur de trouver un médecin assez habile pour faire disparaître cette marque d'ignominie. — Aétius a même cité le procédé de ce médecin, qui se nommait Criton.

Végèce rapporte que l'on tatouait aussi, sous l'empereur Honorius, certaines catégories d'ouvriers : les armuriers et fontainiers, par exemple, pour les empêcher de

se soustraire au service de l'État. — Constantin pros-
crivit plus tard d'une manière absolue le tatouage sur
la tête, en raison de sa ressemblance avec la divinité
créatrice. Mais l'empereur Théophile fit, au contraire,
imprimer une épigramme de douze vers sur le front de
deux moines qui avaient osé lui faire des remontrances.
L'historien Zonaras nous a conservé ces douze vers. Rien
de plus varié, par conséquent, que le but réel du tatouage
chez les anciens.

On pouvait espérer rencontrer des conclusions plus
précises pour les tatouages océaniens, mais je suis
arrivé à une conviction identique sur la raison du
tatouage chez eux, malgré les affirmations contradic-
toires d'un grand nombre d'écrivains qu'on serait tenté
de soupçonner n'avoir jamais vu les habitants de la Poly-
nésie qu'à travers les rêves de la folle du logis, ou la
phraséologie des discussions de nos Chambres françaises,
toutes les fois qu'il s'est agi devant elles de ces questions
brûlantes, sans cesse renaissantes, d'expéditions loin-
taines et d'empire colonial.

Je n'en citerai qu'un exemple, mais convaincant.

« Le tatouage a pris naissance, a dit un écrivain, chez
» les peuples qui, vivant sous un climat très chaud,
» n'ont point l'usage des vêtements. Il n'y a pas de horde
» nomade qui n'établisse entre ceux qui la constituent
» des degrés, des rangs, des classifications. L'égalité
» absolue, cette chimère que tous les peuples civilisés
» poursuivent vainement, n'existe pas chez les sauvages.
» Aussi, ne pouvant se distinguer les uns des autres par
» la forme et la richesse des étoffes, ramenés à un type
» commun et uniforme par la nudité du corps, ont-ils
» inventé le tatouage qui leur fournit des emblèmes, des
» marques indélébiles de leurs attributions ou de leur

» pouvoir. Tel signe répond à tel quartier de noblesse.
» Aux Marquises, par exemple, il est certains dessins
» exclusivement réservés à la famille royale ; sévèrement
» interdits, par conséquent, au simple prolétaire, aussi
» bien qu'aux premiers dignitaires de l'État. On con-
» çoit, dès lors, que l'artiste en blason soit haut placé
» dans la hiérarchie sociale. Le tatoueur est comme le
» d'Hozier du pays : une sorte de garde des sceaux chargé
» d'entériner les titres, de conserver les parchemins. Ces
» marques, imprimées dans la peau, représentent donc
» en réalité les livrées, les armoiries de l'Europe, et sont
» un témoignage de l'empire universel de la vanité. »

Certes, la phrase est correcte, la période arrondie et
sonore, les déductions en apparence logiques, l'idée
même tellement séduisante, qu'elle a été souvent repro-
duite (même dans le Dictionnaire de Larousse) et qu'elle
est assez généralement adoptée. Mais le tatouage est loin
d'avoir *pris naissance* chez les peuples des climats *chauds*.
Ce ne sont pas les sauvages qui en ont *seuls* adopté
l'usage, et le plus intelligent des habitants des Marquises
(ils le sont à un très haut degré) aurait assez de peine à
comprendre ce que peuvent bien être la famille royale
de son île, les armoiries, et surtout le d'Hozier, grand
référendaire des sceaux et titres.

La constitution politique des archipels polynésiens était
essentiellement féodale et l'est encore dans la plupart
des îles, malgré les essais tentés par les Européens et
par les missionnaires, qui n'ont donné le titre de Roi à
quelques individualités que dans l'espoir de rendre leur
influence plus prépondérante, leur domination plus facile.

Quant aux tatoueurs ou *touhouka*, leur rôle ne dépasse
pas celui d'un artiste quelconque de nos sociétés, et
l'impitoyable histoire veut même qu'ils n'échappent pas

quelquefois à la dent cruelle de leurs clients, ainsi que je l'ai constaté pendant un séjour aux Marquises pour le frère d'Hanao et de Poéhapa, de Taïo-haé, qui succomba de cette sorte en allant exercer son art dans la vallée d'Atouha-touha, où notre protectorat était impuissant à le défendre.

En fait, le caprice et la fantaisie présidaient d'une manière générale aux tatouages océaniens, à l'exception de quelques associations permanentes ou accidentelles, tout particulièrement celle des *Arréohis* [1], vrais nihilistes sauvages, dont les sept classes portaient des dessins d'ailleurs rares, mais distinctifs.

Bougainville, Banks, Forster, Marchand et surtout l'illustre Cook, le meilleur observateur des coutumes océaniennes, sont unanimes sur ce point que je puis attester par des faits observés directement pendant mes voyages. Je crois donc inutile, par conséquent, d'énumérer leurs textes en les opposant à ceux des voyageurs qui n'ont que trop souvent accepté, sans contrôle, les réponses que faisaient à leurs demandes les déserteurs illettrés qui leur servaient d'interprètes dans leurs conversations avec les habitants du pays.

De Freycinet avait déjà raconté qu'à son passage aux Sandwich la plupart des indigènes se faisaient imprimer sur les bras, et en anglais, l'époque du décès de Kaméhaméha et de son jeune favori Pohé, qui l'avait précédé de trois jours dans la tombe.

Il avait noté que dès que les sauvages des mêmes îles eurent connaissance des chèvres, on vit figurer les dessins de ces quadrupèdes sur toute l'étendue du corps d'une foule de gens.

[1] J'ai toujours orthographié les expressions océaniennes telles qu'elles sont entendues par des oreilles françaises.

Moërenhout a cité l'adoption tout aussi accidentelle de l'image d'une fleur de lys vue par un tatoueur sur la boussole d'un navire et qu'il s'était empressé d'imprimer sur tous ses clients.

Et je puis affirmer, en outre, que les tatoueurs qui exercent leur art pendant les fêtes interminables ou *Kohika* des îles océaniennes, apportent ordinairement avec eux des planches gravées où sont offerts au public les dessins les plus variés.

Les *touhouka* océaniens ne forment pas davantage une classe privilégiée, une aristocratie particulière, car un artiste *toupénoa*, ou de basse extraction, se voit bien vite préféré au tatoueur *hakahiki*, c'est-à-dire noble, s'il est plus habile.

C'est ce que fit, au dire de M. Lesson, une charmante Marquesane, très engouée de tatouages. Elle appartenait à une famille *haatépéhihou* ou de vieille noblesse, mais qui n'observait point, cependant, pour les empreintes tatouées, le respect traditionnel dont j'ai critiqué l'affirmation, car si sa grand'mère avait le corps, presque entier, couvert de magnifiques dessins, sa mère, tout aussi noble qu'elle, n'en portait que quelques traces.

Poutona se fit, au contraire, illustrer presque toute la superficie de sa gracieuse personne.

C'était un tatoueur de *Roua houga* qui avait commencé les piqûres, et bien qu'on s'aperçût qu'il n'était pas très habile, quelques indigènes continuaient encore à recourir à son talent, quand arriva à *Tahio-haé* l'un des plus grands touhouka du pays, *Piko* des *Hapaa*, que la chéfesse *Tahia-Oko* avait fait demander expressément pour elle. *Poutona* déserta bien vite l'atelier du premier pour envahir celui du second, mais elle ne dut qu'à sa grande beauté, à ses relations intimes avec *Tahia-Oko* et à sa réputation d'esprit (ce qui ne gâte rien, même chez les sauvages) de vaincre la résistance du tatoueur émérite qui, semblable aux grands artistes, se faisait prier et refusait des clients !

Une autre beauté du même archipel, *Pahétini*, n'avait pas eu plus de souci des règles héraldiques supposées par l'écrivain que j'ai cité. Elle s'était fait incruster dans la peau les tatouages les plus en faveur, et comme elle avait distingué parmi ses nombreux *Pékéhiho*, ou cavaliers servants, un homme du peuple, *Maki*, très peu tatoué au début de sa bonne fortune (qu'il devait autant à ses formes irréprochables qu'à sa constitution robuste), il fut bientôt recouvert de tatouages somptueux, grâce au désir de celle qui l'aimait. Et les grands chefs de l'île l'applaudirent.

Ces derniers, loin de se réserver les plus beaux tatouages, ne se décidaient pas tous, loin de là, à confier leur corps et surtout leur tête aux tatoueurs.

Un des hauts barons de l'île des Amis n'avait point voulu suivre en cela la mode.

Mapoutoa, chef de Mangaréva, et les chefs de Tahiti, au moment de la visite de Krusenstern, étaient dans le même cas.

Niéhétou, oncle de *Moana* que nous avons créé roi de *Nouhouhiva*, quoique son autorité fût nominale en dehors de la vallée qu'il habitait, n'avait jamais voulu se faire tatouer qu'au visage.

Yotété de *Vahitahou* s'était même absolument opposé à ce qu'on tatouât ses trois fils : *Hinao, Téhouéo* et *Téapouna*, et *Té Moana*, que j'interrogeai à ce sujet, se bornait à me dire qu'il n'avait pas encore trouvé un artiste assez habile pour lui confier sa tête. Il raillait même un autre vieux chef *Vava*, chargé de tatouages multipliés et qui n'osait plus, en conséquence, encourager ses gens à l'imiter, jusqu'au moment où Tahia-Oko, femme de Moana, se fut nettement prononcée en faveur de cette ornementation nationale, en confiant toutes les parties de son corps aux tatoueurs.

Le monde sauvage a, d'ailleurs, ses sceptiques et ses esprits forts, car *Kéhihé Koukouhi* et *Krahimokou,* beau-frère du roi des Sandwich, répondaient aux questions qu'on leur faisait sur l'absence de tout tatouage sur leurs corps : « Le nombre des fous est assez grand pour que » nous n'ayons pas voulu l'augmenter encore. »

Et s'il fallait d'autres exemples, nous citerions l'opinion très catégorique d'un observateur sagace, compagnon du commandant de Freycinet sur l'*Uranie.*

Jacques Arago a écrit en effet ce qui suit :

« Qu'on ne dise plus que ces dessins sont des hiéro-
» glyphes à l'aide desquels on conserve l'histoire parti-
» culière des individus ou l'histoire des familles. Je puis,
» à cet égard, donner un formel démenti aux voyageurs
» qui ont rêvé cette fable ingénieuse, car à Kahia-Kouha,
» comme à Kohihahi, j'étais continuellement occupé à
» faire des dessins sur les jambes, les cuisses, les épaules,
» la tête et le sein des femmes du peuple, des épouses
» des gouverneurs, et même des princesses, et je puis
» assurer que je ne puisais mes inspirations que dans
» mon caprice ou dans mes souvenirs de collège. Gany-
» mède et Mercure se pavanent aujourd'hui sur plus de
» vingt flancs des indigènes des Sandwich. Le gladiateur
» orne une quarantaine de jeunes filles d'*Owhihie,* et
» j'ai, depuis mon retour à Paris, rencontré des naviga-
» teurs qui m'ont assuré que le succès de mes Vénus,
» de mes Apollon et de mes caricatures avait créé là-bas
» un grand nombre d'habiles artistes indigènes. Ajoutant,

» au profit de mon amour-propre, que les damiers, les
» chèvres et les roues de gouvernail, autrefois très recher-
» chés, avaient beaucoup perdu de leur antique faveur
» depuis notre voyage. Les arts sont usurpateurs ! »

La question nous paraît donc tranchée. Et d'ailleurs,
le tatouage humain, coutume générale et universelle, ne
pouvait avoir d'autre caractère que celui qui se rattache
aux autres usages de l'humanité.

Mes longues pérégrinations sur le globe m'ont apporté
la conviction que tout ce qui tient aux manifestations
de l'intelligence, des sentiments et des passions, présente
la même analogie chez tous les peuples.

Né sans doute d'une cause fortuite, le tatouage a
servi manifestement à des destinations très diverses, soit
chez les anciens, soit chez les modernes. Le caractère
religieux ou traditionnel qu'ont voulu lui attribuer exclusivement plusieurs auteurs, se rencontre pour toutes les
coutumes et même pour les lois anciennes placées sous
la garantie de la crainte du courroux des divinités; plus
tard, le prestige a disparu, et la coutume elle-même a
perdu tout caractère spécial ou distinct. Elle tend même
à disparaître, moins sous l'influence des défenses politi-
ques ou religieuses que sous l'action lente qui parvient à
niveler et rendre uniforme ce que chaque nation consi-
déra longtemps comme un cachet distinctif précieux.

Le tatouage, même en Océanie, est déjà rendu à cette
dernière phase. Les vieux chefs n'osent plus en tirer plus
de vanité que des costumes de guerre dont ils étaient
encore si fiers il y a trente ans.

Disparaîtra-t-il entièrement chez ces peuples qui, malgré
leurs éminentes qualités intellectuelles, ne peuvent vivre
au contact européen? Ce serait folie de le croire, puisque
les mêmes images sont encore en faveur chez nous.

D'ailleurs, ne doit-on pas toujours avoir à l'esprit, quand on étudie les coutumes humaines, la boutade bien connue de Montaigne, ainsi exprimée au livre des *Essays* :

« Celuy-ci me semble avoir bien conceu la force de la
» coustume qui, premier, forgea ce conte qu'une femme
» de village, ayant appris de caresser et porter en ses bras
» un veau dès l'heure de sa naissance et, continuant
» toujours à le faire, gaigna cela par l'accoutumance que
» tout grand bœuf qu'il était elle le portait encore.

» C'est, en effet, une violente et traîtresse maistresse
» d'école que la coustume. »

Telle sera donc, Mesdames et Messieurs, la conclusion d'une étude qui a si souvent rappelé certaines particularités des mœurs polynésiennes que je serais vraiment tenté de la terminer à la façon des orateurs de l'Océanie, si je n'étais arrêté par une considération particulière.

Tout discours est suivi, là-bas, d'une expression qui traduit exactement le *dixi* (j'ai dit) sacramentel de toute harangue romaine.

Les Tahitiens se servent des mots *tirara parahou* (fini mon discours), mais ils ajoutent invariablement le qualificatif *iti* (petit), et je n'ose plus faire comme eux, car je crains d'avoir été trop long, malgré mes promesses.

Il est vrai que vous avez mis tant de bienveillance à ne pas me le faire remarquer que je considère comme un véritable devoir de vous donner l'assurance de ma profonde gratitude pour l'attention que vous avez prêtée à mes récits de voyageur.

Bordeaux. — Imp. G. GOUNOUILHOU, 11, rue Guiraude

115

www.ingramcontent.com/pod-product-compliance
Lightning Source LLC
Chambersburg PA
CBHW060453210326
41520CB00015B/3936